本书献给我在工作中有幸认识的

无数强大而聪明的男孩。

你们都是超级英雄。

目　录

你好

　　我叫大卫，是一名为男孩和他们的父母提供帮助的咨询师。我做这项工作已经超过 25 年了。我有一只名叫欧文的黄色拉布拉多犬，它和我遇到的许多男孩一样，精力充沛，积极主动，对人友爱。

　　欧文是一只治疗犬，这意味着他在学校经过了长时间的学习和训练，以便在孩子们感受到强烈的情绪时提供帮助。当孩子们开心地过生日，赢了足球比赛，学习了新乐器或搭建了乐高项目时，欧文就会为孩子们庆祝；当孩子们为祖父母去世、家里的狗生病、没有被选入球队或父母离婚而感到难过时，它就会在一旁给予安慰和支持。当孩子们因为不能再看电视或玩电子产品，惹恼了兄弟姐妹，被朋友伤害或输掉了棒球比赛而感到愤怒时，欧文也希望自己能够帮助他们。

　　欧文忠诚而有爱心。它是一个很好的倾听者，而且非常有耐心。我从它身上学到了怎样更好地支持我的朋友。它教会了我和来找我咨询的男孩们如何成为一个更好的儿子、兄弟和朋友。不过，欧文确实有和人离得太近的坏习惯。有时候可能人们并不想被它扑上来舔自己，但它还是会亲昵地伸出舌头。它也正在学习留给人们更多的私人空间。欧文只是想表现得友好一点，但有时人们想要一些独处的时间。这对一只小狗来说，确实有点难做到，对吧？

欧文帮助很多男孩学会了如何克服悲伤、孤独和愤怒等重大情绪，这是一件非常需要学习的事情。这本练习手册也将帮助你做到这一点。如果你和父母一起在读这本书，我猜你就像这本手册所强调的一样，已经非常强大和聪明了。你有丰富的想法，又是一个很好的问题解决者。你的老师一定会称赞你是一个了不起的学生。

我敢打赌你也很强壮。你可以跑得很快，举起重物，还能做一些具有挑战性的运动。我很欣慰你已经可以用你的大脑和身体的肌肉做很多事情了。我也想通过这本书，帮助你建立强大而聪明的"情绪肌肉"。

想想超人吧。你知道他有多强壮，他能举起火车和飞机，也非常聪明，知道人们何时处于危险之中以及分辨谁是坏人。他不仅有强壮的身体肌肉，还有强大的"情绪肌肉"。他非常关心他的朋友和家人，也关心全人类，否则他不会把自己置于危险的境地。这就是他成为英雄的原因，也是我们正在努力实现的强壮和聪明的目标——成为情绪强大的人。

当我们在情感上强大而聪明时，我们可以度过令人沮丧的时刻，而不会对我们所爱的人大喊大叫。当我们的朋友受伤时，我们会和朋友一起难过。我们能够支持和关爱需要朋友的伙伴，因为就像超人一样，我们可以看出他们过得很艰难。

你知道蜘蛛侠有一种超强的感应能力吗？他能察觉到危险，立即制订计划并付诸行动。我们的身体与生俱来会以同样的方式向我们发出信号。如果我们学会倾听，这些信号就会成为告诉我们正在发生什么的线索。我们就可以集思广益，然后迅速采取行动。

> 情感上的强大和聪明就像是一种超能力。

蝙蝠侠是另一位可以做出惊人事情的超级英雄。他有属于自己的蝙蝠信号，告诉他哪里需要他。只要他注意到这个信号，就可以跳进蝙蝠车，随时准备提供帮助。如果蝙蝠侠不再留意蝙蝠信号，或者蜘蛛侠忽视了他的蜘蛛感应，那么将会有更多的危险降临，他们就更难帮助别人了。

对我们来说也是如此。如果我们忽视自己内心的迹象和信号，危险就会发生，比如大喊大叫、说伤人的话、争吵和顶嘴、扔东西和不尊重他人。有句老话叫"受伤的人伤人"。当我们受伤时，如果我们没有学会如何变得强大而聪明，就很容易伤害他人。锻炼"情绪肌肉"有助于我们停止伤害自己和他人。

我认识一些正在经历受伤又不断在伤害他人的成年人，那是因为他们从来没有学会建立自己的"情绪肌肉"，只有学会他们才能变得强大和聪明。当我们因为受伤而不断伤害他人时，就很难建立健康的关系。所以让我们一起变得强大而聪明吧，让我们学习如何留意自己身边的蜘蛛感应和蝙蝠信号。因为这个世界需要更多坚强而聪明、坚韧而温柔、忠诚而有爱心的超级英雄。

想象自己是一个超级英雄，给自己画一张自画像。你已经拥有了什么超能力？你还想拥有什么能力？

建筑工与渔夫

　　我的外公是一名建筑工。他参加过"二战"，在战争结束后回家照顾家人，并学会了盖房子。有一年夏天，我去帮他干活，和他的团队一起在一大片土地上盖了一所房子。

　　我五岁时，外公给了我人生中第一个工具箱，是木头材质的，他在工具箱上刻上了我的名字。外公还给我买了第一批工具，我总把工具放在箱子里拿着它在房子里走来走去，假装在建造和修理东西。慢慢地，我学会了用我的工具在房间、车库和后院里建造真正的东西。

　　当我的儿子们五岁时，我带他们去了家得宝（Home Depot）的一家父子工作室。我们用木头做东西，我给他们每人买了人生中第一个工具箱。随着他们渐渐长大，我在工具箱里添置了新的东西，希望他们将来离开家独自生活时能拥有一整套属于自己的工具。这些年来，他们也一直在帮我组装和修理东西，所以我能够教他们不同的工具在不同的情况下是怎么使用的。

　　一直以来，我都想帮助他们掌握一些让自己变得坚强而聪明的方法。我希望有一天当他们离开家开始独立生活，在感到悲伤或孤独、愤怒或恐惧、绝望或快乐时，能掌握一整套情感工具供自己使用。

　　我的爷爷喜欢钓鱼，他送给我人生中第一个钓具箱。那是一个锈迹斑斑的蓝色旧饭盒，里面有鱼饵、鱼钩、线轴、坠子和转环。他教我要有耐心并正确地使用里面的工具。爷爷还给我买了第一根鱼竿，教我学会了放鱼饵，收线和放线，观察和等待。直到今天，这个钓具箱仍在我办公室里。他在箱体正面写了我的名字。虽然几十年后箱子外表已经褪色了，但他的字迹仍旧闪烁着光。

工具箱里有建房子所需的工具，钓具箱中有钓鱼所需的物品。就像建筑工人没有工具就不会出现在施工现场一样，渔民也不会在没有钓具箱的情况下前往开阔的水域。

我认为拥有生活所需的工具同样重要，处理冲突、挫折、变故和丧失的工具，能让你变得强大和聪明。这些工具能帮助你建立"情绪肌肉"。作为儿子、兄弟、学生、运动员和朋友，你当下就需要这些工具。在未来，作为一个丈夫、父亲、朋友和同事，你也会用到这些工具。

遗憾的是，许多男孩和男人并没有掌握这些生活所需的工具或方法。他们无法描述自己的感受，也不知道该怎么处理，就像迷失在森林中的徒步旅行者，也像绕圈飞行不知道在哪里着陆的飞行员，又像不知道比赛规则四处游离的运动员。

我希望你有所准备并熟能生巧。我们用这些工具练习得越多，"情绪肌肉"就越强大，我们就越能从容地面对即将到来的一切。

问问你的父母能否帮你买一个工具箱或餐盒，你可以用它来收集能让你变得强大而聪明的工具。开始思考并写下你可能想放在"强大而聪明的工具箱"里的东西，比如压力球、指尖陀螺、情绪表、握力器、硅胶橡皮泥、气球、笔记本等。我们将在本书的稍后部分详细讨论你的工具箱，并减少放在工具箱中的物品。

大脑
与身体

　　做好准备的第一步是要学会留心。当你和妈妈或爸爸一起坐车时是否看到仪表盘上有警告灯？这样的设计是为了提醒我们时刻关注汽车的状况。当轮胎气压低、需要更换机油或需要进行日常保养时，我们会收到信号。只要我们对信号做出反应，给轮胎充气、换机油或加满雨刮器液，汽车就会继续正常行驶。

　　如果我们检查车的引擎灯，可能会发现更大的问题，也许离预约修车服务不远了，也许会遇到更大的麻烦。我们的身体以同样的方式工作，身体内部有信号和警报，提醒我们需要注意什么。

　　当你的心跳速度超过正常数值范围时，身体会向你发出信号。你可能会感到背部或肩部紧绷，胃部颤动，或者难以吞咽。可能你的下巴会紧绷或拳头紧握。我们的身体会通过多种方式向我们发出信号。

我们要做的就是关注这些信号并制订计划。如果我们忽略这些信号，它们可能会消失一段时间，但当它们再次回来时，情况往往会变得更糟。这就像一座火山，最终会爆发出炽热的熔岩，并四处溢出。被忽视和压抑的情感最终会像火山一样喷发。

当你情绪来袭时，把发出信号的身体部位涂色。

水实验

请你的妈妈或爸爸帮你把一口锅装满水，放在炉子上烧，然后看着水开始沸腾时会发生什么。情绪就像水一样，我们放得越多，锅就越满。当水开始沸腾时，它会溢到整个炉子上，弄得一团糟。如果有人站得太近，还有可能会被热水烫伤。不管怎样，水都会变得很危险。

让你的父母关掉炉子，把一半的水倒掉，然后再打开炉子，看看会发生什么。水会再次沸腾，但需要更长的时间才能到达顶部，因为水没有那么满。这就和人的情绪一样，我们每一次对情绪的释放，都会避免情绪失控的发生。

谈论我们的感受是防止情绪如沸水般溢出的最好方法之一。在日记上写写或画画也会有帮助。我们也会讨论其他可以消除不良情绪的方法。

气球实验

试着往气球里吹入少量的空气。注意要在气球里留有足够的空间，让它不至于爆裂。接着让空气慢慢流出（有时会发出有趣的声音）。气球里的空气就像我们身体里的感觉，而放气的过程就像是与朋友、家人、咨询师或教练分享这些感受。

让我们再试一次。这次我们向气球吹气，直到你认为它可能会爆裂的时候停止。接近爆裂点的时候是什么感觉？你觉得紧张吗？如果现在吹进去更多气体你感觉会怎样呢？

往已经充满的气球中吹入更多的空气，就像火山爆发或水沸腾溢出一样。当达到那个顶点时，可怕的事情就会发生。身体里憋着太多情绪就像拿着一个吹满气的气球到处走，坏事迟早会发生。

悲伤、害怕、生气、
紧张、失望……

镇静
与应对

当我们内心有很多情绪时，能做些什么来帮助大脑和身体呢？除了倾诉、绘画或写作，我们还可以找到一些其他的镇静和应对策略。

你可能已经有过类似的体验。有些学校的教室里设有"平静的角落"，学生可以在上课间隙在那里休息一下，让自己平静下来。如果你的老师不知道这回事，你可以告诉他 / 她，也许可以在你的教室里也设立一个。

家里也可以有一个这样的"平静的角落"，你可以根据自己的喜好给这个地方命名。首先和爸爸或妈妈商议出家里的一个好地方，可以是车库或游戏室，书房或洗衣房的角落。把它确定为任何家庭成员都可以轻松使用的地方是个好主意。有些男孩简单地称之为"空间"，但你也可以叫它下列名称之一：

平静角落

安静空间

和平之地

应对洞穴

情绪堡垒

或者你可以用家人的名字命名它，类似于：

亨德森家的藏身处

昆汀家的营地

彼得森家的据点

费舍之堡

康纳斯角

　　接着头脑风暴一下要把哪些东西放在这个用于放松情绪的空间里。可以是一些能够用来捶打、冲它尖叫或安全地扔来扔去的枕头，也可以是能做同样事情的健身球。你可以放一张迷你蹦床来跳，一个拳击袋或一个豆袋来打拳击，一张瑜伽垫来练习瑜伽或做俯卧撑和仰卧起坐；还可以放一个桶，用来装素描或涂色的美术工具；或者放一些魔术橡皮泥来挤压或塑形；你当然也可以从包裹上取出泡泡包装纸，然后踩在上面；把纸板盒撕开或者进行回收也是个不错的主意。可供选择的东西不胜枚举，想想哪些物品能让你释放一些能量。

运动

作为男性，当我们有强烈的感受时，内心往往会充满激情和能量。这就是为什么在情绪激动时，我们会不自觉地开始大喊大叫、打人、踢人、尖叫或扔东西。我们的身体正在向我们发出信号，我们需要释放这种能量和强度。上文中提到的类似于"平静的角落"的情绪空间是释放能量的最佳场所。否则，我们可能会无意识地向我们爱的人扔东西，或者对他们大喊大叫。如果我们开始关注那些强烈的感受，并直接进入这个释放情绪的空间，我们就可以避免做出可能会让我们陷入麻烦或伤害我们关系的事。让身体运动起来是重置大脑最快、最简单的方法之一。

> 让身体运动起来是重置大脑最快、最简单的方法之一

列出你在情绪空间可以做的运动，比如俯卧撑、引体向上、仰卧起坐、波比跳、跳跃、抬腿、瑜伽或拉伸。

工具箱或钓具箱

　　你还记得我说过小时候的工具箱和钓鱼时带的钓具箱吗？你可能已经向父母要过这些东西了。你可以把需要的东西放在箱子里，放置在家里的情绪空间，外出时随身携带。这样无论你去哪里，都有随身的工具以备不时之需。

　　我认识的有些男孩子喜欢把工具箱放在车上，如果他们在去上学的途中或在等车感到紧张时可以玩。还有些男孩会把工具放在文具盒里，如果他们在学校过得不怎么愉快，就可以在上下学的公交车上使用。这些物品可以随身携带，无论是去看望祖父母或参加大家庭聚会，或度假旅行的途中，还是去医生办公室做检查或做手指穿刺时，都可以为你所用。你可以给它取名为"平静集装箱"或"安定储物罐"，并在这个箱子或盒子里装满魔术橡皮泥、压力球、指尖玩具、握力器、气球、美术工具或日记本。好主意有很多，这只是其中一部分，利用好这些物品能帮助你克服重大的情绪问题。

既然现在你知道了很多处理重大情绪问题的策略，那就花点时间写下你想放在盒子里的东西吧，并麻烦你的父母帮你买个装东西的容器以及清单上的物品。

情绪图表

　　还有两个很棒的东西可以放在"平静的角落"或"平静的容器"中。第一个是情绪图表。你可以直接使用书中附赠的图表。当你试图了解自己内心的不同感受时，这是一个很好的工具。

　　花几分钟时间与父母谈论各种各样的情绪，以确保你了解这些情绪是什么。

五大情绪宣泄法

第二个放进工具箱（或钓具箱）的很棒的物品是"五大情绪宣泄法"清单。它列出了你应对情绪问题的对策和技巧。应对的含义是学习用健康的方式管理情绪。首先，请在你的列表中列出一些你为自己的"情绪空间"想出的运动策略。相信你已经为自己的"五大情绪宣泄法"做了很棒的头脑风暴。但请别忘记还有一个很棒的方法——作战呼吸法。多年前，我曾和美国海豹突击队和陆军游骑兵队一起工作。他们都是被指派执行特殊任务的训练有素的高技能士兵，本身就是超级英雄。士兵们要在复杂的环境中做出艰难而重要的决定，那就必须在一瞬间先让自己的大脑和身体冷静下来。战斗呼吸法是解决大脑和身体问题的最快方法。

想想"作战"这个词。"作战"意味着"斗争或对抗"。我们也无时无刻不在和想要大喊、打人、踢人、尖叫或伤害别人的冲动做斗争。"当你感到愤怒时，不要犯罪"，这句话告诉了我们两件事。首先，我们有时会感到愤怒，这没关系。愤怒并不是一种糟糕的感觉，它只是一种情绪而已。有时候，愤怒甚至是帮助我们去对抗这个世界上的坏事所需的感受和动力。

其次，这句话提醒我们，当我们感到愤怒时，不要犯罪——不要伤害自己或他人。有些人感到愤怒时会变得很伤人。他们并不是在为正确的事情而努力；相反，他们正在与错误的事情抗争。请记住，有时候，受伤的人反而会更"伤"人。

举个例子吧，不知道你是否曾有过这样的经历，当你正火冒三丈的时候，妈妈试图帮助你冷静下来，但你却没有让她帮助你去做深呼吸，让大脑和身体冷静下来，你反而对她大喊大叫，或者把东西扔到房间的另一边。这就是在与错误的事情抗争。在这种情况下，你就是在用愤怒来伤害你爱的人，而不是学习去为正确的事而努力。

作战呼吸法

回到呼吸本身，让我们练习一下作战呼吸法吧，确保你知道它是怎么做的。我们从在大腿上画一个正方形开始，它会帮助你学会用良好的节奏吸气和呼气。首先，画出正方形的第一条边，同时吸气，然后在拐角处停止；然后画第二条边，慢慢呼气，在拐角处再次暂停；接着画第三条边，吸气并暂停；最后画第四条边，呼气。当我们追踪正方形的形状时，就会发现手指回到了它开始的地方。一定要用鼻子吸气，嘴巴呼气，让气息直至腹部。再试一次，当你画每一条边时，可以在脑海中从一数到四。数数是很好的办法，可以帮助你确保呼吸不会太快，从而获得良好的镇静效果。

你要经常练习作战呼吸法，确保自己能熟练运用它。你可以在车上练习，晚上睡觉时练习，早上在上学前练习，甚至在篮球比赛的过程中练习。

我见过许多男孩会在学校的拼写考试开始之前躲在课桌下使用作战呼吸法，神不知鬼不觉，甚至没有人知道这件事发生了。还有一个男孩在篮球比赛中使用了作战呼吸法，当裁判把球传给他之前，他在罚球线上这样做了。他把手放在腿上，甚至没有人能看出他在做这件事。这有助于在投篮前让大脑和身体平静下来。你可以随时随地这样做，比如比赛之前，计时考试时，医生做手指穿刺前，足球比赛中的点球时，棒球比赛击球时，或在课堂上做演讲时。

> 经常练习作战呼吸法，
> 确保自己能熟练运用它。

我戴着一块能监测心率的手表。当我练习作战呼吸法时，你猜我的心率会发生什么变化？你认为心率会上升还是下降？你猜得没错。每当我们练习作战呼吸法时，它都会减慢我们的心率，还会把血液重新分配到大脑和身体的不同区域。

当我们情绪激动时，瞳孔就会扩大，这样就能更清楚地看到危险。此时血液流向大肌肉，因此我们感到紧张并为战斗做好准备。甚至我们的胃也会因为消化活动的减少而跳起来，所以我们有额外的精力去战斗或逃跑。当我们遇到了可怕的动物或人，需要逃跑时，这是一个绝佳的状态。大自然塑造了我们的身体，人类天生在遇到危险时就可以跑得更快，更努力地战斗。但有时，我们会在听写测试前当大家围坐在一起做分享时感到紧张，这不是一个很好的状态，所以我们必须让大脑和身体平静下来。

和你的父母一起练习四轮作战呼吸法。注意身体在做练习之前和之后的感觉。

了解大脑

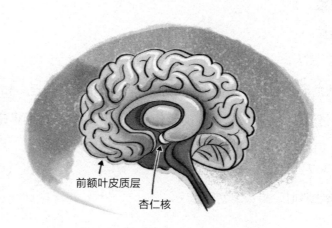

前额叶皮质层

杏仁核

　　当我的狗欧文在家时，它喜欢在门廊上小睡一会儿。有时我们的朋友会从门前路过，在欧文还没意识到这是它认识的朋友之前，会对着他们狂吠。当社区附近的邮递员送来邮件时，它也会这样做。这些人不是来伤害我们的，他们是来帮助我们的。一旦它意识到这一点，就会停止吠叫，开始摇尾巴。

　　我们的大脑也是如此。有时，大脑感知到的危险其实并不是真的危险。我们变得兴奋起来，而不是保持镇定冷静和泰然自若。这就像火警报警器意外地响起，虽然没有发生真正的火灾，但我们还是开始恐慌。

　　让我们来谈谈大脑的两个重要组成部分。大脑的前部是前额叶皮质层，它容纳着我们的大脑前庭。许多人把大脑的这一部分称为"聪明的猫头鹰"。"聪明的猫头鹰"能够帮助我们：

1. 理性思考。

2. 管理情绪。

大脑的后部是杏仁核。许多人把大脑的这一部分称为"吠叫的狗"。"吠叫的狗"会让我们：

1. 发现危险。

2. 做出反应。

当真正的危险降临时，我们需要"吠叫的狗"来提醒自己。如果有小偷试图闯进房子行窃，那将是欧文吠叫的最佳时机。但如果是邮递员来投递邮件，或是有朋友上门拜访，那就不是欧文发挥才能的好时候了。

当狗开始吠叫时，猫头鹰就飞走了。

当"聪明的猫头鹰"飞走时，我们很难理性地思考和管理自己的情绪。此时要做的是让"吠叫的狗"安静下来，这样"聪明的猫头鹰"才能回来。

镇静和应对策略有助于让"吠叫的狗"安静下来，这样"聪明的猫头鹰"才会回来。每当我们练习作战呼吸法或前往"平静的角落"时，都有助于让"吠叫的狗"安静下来。当我们去自己的情绪空间尝试完成情绪宣泄的五个方法时，也能帮助"吠叫的狗"停下，这样"聪明的猫头鹰"才能开始工作，帮助我们理性思考并控制情绪。

另一种理解大脑的方法是用我们的手。丹尼尔·西格尔博士和蒂娜·佩恩·布赖森博士创建了手掌模型来解释大脑的这些区域。举起你的手，张开五个手指，大拇指代表"吠叫的狗"，其余四个手指代表"聪明的猫头鹰"。当我们让"吠叫的狗"安静下来时，我们把拇指放在手掌心，然后把四个手指盖到上面，形成一个拳头。闭合的拳头看起来像大脑的形状。四个手指代表前额叶皮

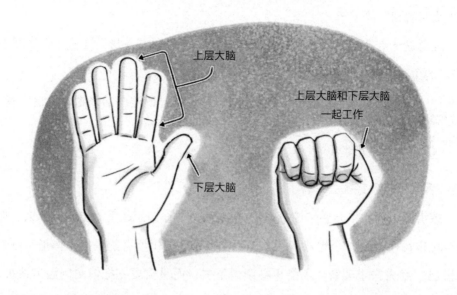

上层大脑

上层大脑和下层大脑
一起工作

下层大脑

层，也就是西格尔博士和布赖森博士所说的上层大脑。拇指代表边缘系统，也就是杏仁核，被称为下层大脑。

当杏仁核被触发，或者狗开始吠叫时，我们就会失去理智。于是手指张开，拇指伸出。当手指抬起时，聪明的猫头鹰就飞走了。当我们失去理智时，就停止了理性思考，无法控制自己的情绪。当我们大发脾气时，下层大脑即处于掌控之中，我们需要上层大脑来协助。我们更需要的是上层大脑和下层大脑一起工作，而不是分开工作。

把上层大脑当作是大脑的思考区域，下层大脑当作大脑的情感区域。我们的目标是始终让大脑的上层和下层部分都在运行。我们始终要让理智和情感并驾齐驱。

我认识一些成年人，他们很难进行理性思考，总是在没有考虑清楚的情况下做出情绪化的决定。我也认识一些只会思考的成年人，常常忽略别人的感受。"整合"是一个很重要的词，它意味着我们同时具备理智和情感。这需要我们大脑的上层和下层区域同时工作。

这就是五大情绪宣泄法非常有用的原因。如果我们记不清自己是怎么做的，可以回头看看当"猫头鹰"出现时我们列出的清单，然后开始练习这些方法，让"吠叫的狗"停下来。

理解这一点非常重要。你可以告诉父母，"聪明的猫头鹰"飞走了，我要去"平静的角落"让"吠叫的狗"安静下来。

我们需要上层大脑和下层大脑一起工作。

爸爸妈妈也可以通过说这些话来帮你解决问题，比如：

"狗正在狂叫。"

"我想我们已经失去理智了。"

或者"下层大脑开始掌控身体了。"从而帮助你回想起下一步该做什么。你甚至可以用手做出一个像停车标志的视觉提示，伸出所有的手指和拇指，以表明自己已经失去了理智，不能再继续说下去，而是需要先把情绪问题解决掉。我们犯的最大的错误之一就是在解决情绪问题之前总想先把它说清楚。

先平复情绪，然后再谈论它。

先让"吠叫的狗"安静下来，然后"聪明的猫头鹰"才会回来。

练习手掌模型。当狗吠叫而猫头鹰飞走时，让你的父母看看手是什么样子的。再让他们看看上层大脑和下层大脑在一起工作时的样子。

相信现在的你已经和父母一起做了些头脑风暴，在家里创造了一个空间，这样当任何家庭成员需要处理一些较大的情绪问题时都可以到这里来，这样就不会无意间试图在某一个人身上发泄这些情绪了。

当你在列自己的五大情绪宣泄法时，别忘了加上作战呼吸法和一些运动策略。呼吸和运动是重置大脑和身体最快的两种方式。如果你发现自己的有些方法没有发挥那么大的作用，可以随时把它们划掉，然后用新的想法代替它们。如果你对家里的情绪空间并不满意，也可以随时把它转换到一个新的地方。拥有一个弹性空间的心态意味着，如果某个方案不起作用，我们不需要一直重复它，我们可以尝试些新的东西。

这里还有一个重要的提醒，当你在制定自己的
五大情绪宣泄法时，不要加入关于使用电子产品的
想法。使用电子产品是逃避，而不是一种策略。我

知道电脑游戏或者其他电子设备有多好玩，当然在父母设定的合理时间内偶尔
使用也是可以的。继续使用电子产品是为了娱乐，而不是为了解决问题。我们
不想通过使用电子产品的方法来训练大脑保持镇静。首先，电子屏幕会让我们
的大脑更兴奋，而不是更安定。我们现在研究的是更具镇静效果的策略，并且
需要通过某种形式的努力才能达到。盯着电子屏幕不需要付出任何努力。

　　我还要叮嘱你，唯有练习才会进步。有时人们说熟练造就完美，但我却不
这么认为。在生活中，有很多事情我虽然练习了但却做得并不完美。但在我练
习过的每一件事情中，我都能看到自己的进步。练习作战呼吸法和不同的运动
策略就像练习骑自行车、打篮球、学习新乐器或背视觉单词一样。我们必须对
新事物加以练习，才能更好地掌握驾驭它们的技巧。

　　为了在情感上变得强大，我们必须进行以下练习：

呼吸和运动。
学会去情绪空间和运用多种策略。

　　在遇到问题时，我们必须练习去情绪空间冷静，而不是让情绪失控。我们
必须锻炼自己让"吠叫的狗"安静下来，这样"聪明的猫头鹰"就不会飞走了。

走一走

你有没有在电视上或者在现场观看体育比赛时，看到过球员在球场上走来走去？有时教练或队友甚至会激怒或挑战一名队友说："走开吧！"我还记得第一次是篮球教练教我这样做。在一场比赛中，对手用一种不光彩的手段对我犯规。事情发生时我感到很愤怒，幸亏裁判看到了这一幕并判罚了对方犯规，但我仍然感觉很糟糕。当对手回头看我的时候，甚至自鸣得意地笑了，好像他很高兴自己故意犯规了一样。

当裁判宣布犯规并准备把球递给我时，我听从了教练的建议，在球场上四处走动一下。让肢体活动一下而不是干站着是一个很有用的办法。这个动作让我的大脑重新启动，帮助我平息了内心的犬吠。

在罚球的时候，我想让上层大脑清醒起来。上层大脑可以帮助我计算出投篮时的难度和距离。如果只有下层大脑在当时的混沌之中工作，我很可能会投得太远或太用力。内心的愤怒可能会让我把球猛扣到篮筐上，却没有投中。

我见过运动员们在温布尔登网球锦标赛、美国职业橄榄球大联盟（NFL）、美国职业棒球大联盟（MLB）、美国职业篮球联赛（NBA）、美国国家冰球联盟（NHL）以及其他职业体育联盟比赛中不时地走动。我也一直在观看夏季奥运会，目睹了体操运动员、游泳运动员、跑步运动员和许多其他运动员也会这样做。

这提醒我们，运动总是有助于重置大脑和身体。我们可以这样想：要么换个心情四处走走运动一下，要么就会失败。这就是去情绪空间非常有用的原因之一。当你从站着的地方走到"平静的角落"时，就开始了"走一走"的过程。当我们做俯卧撑、引体向上、仰卧起坐、跳跃、挤压、尖叫或其他有助于解决情绪问题的动作时，都在持续进行着"走一走"的过程。

在释放了能量和情绪强度之后，我们可以做几个呼吸运动，然后就可以开始思考了。

运动——呼吸——思考——交谈

当上层大脑开始活跃起来，我们就可以进入思考和交谈环节。你可以查看情绪量表，找出此时到底在经历什么样的情绪，也可以给当下的情绪标记一个数字等级。

情绪量表

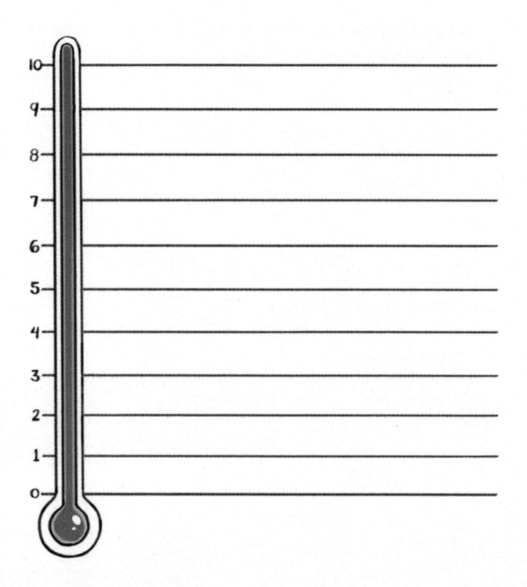

如果你曾经因为受伤而去急诊室，医生可能会让你给自己的疼痛进行评分。"从一到十级，你的疼痛是几级？"我们需要知道二级疼痛和九级疼痛之间的区别。如果我们不能准确地判断自己的疼痛值，医生就不能对症下药，准确地进行治疗。

生活中所有的事件都是如此。我们需要知道日常生活中相当于二级疼痛和九级疼痛的事件之间的区别。例如，对我来说，丢失了车钥匙是一级，而失去某个家人则是十级。如果我对生活中的小事都有很大的反应，那么我的朋友和家人将很难知道怎样给我最好的支持和安慰。

就比如我想要准确地告诉某人我的感受，就需要正确描述这件事情的重要性。如果车钥匙丢失了，我会说："我担心车钥匙找不到了，我需要你帮我去找到它。"但我不能说："我是全世界最最差劲的人！"首先，这句气话不是真的；其次，这对解决问题一点儿帮助也没有。

许多人用夸张的词句和可怕的语言来描述当下的感受和正在经历的事情，因为他们的情感词汇太匮乏了。这导致他们无法准确地说出自己的感受并给当下的事情进行评级。

我希望你能花点时间和父母谈谈你的情绪量表。在上图中，列出对你来说意味着一级直至十级的事件。在完成列表的过程中，你可能想改动一些答案，这完全可以。

如果你度过了艰难的一天，可以先做一些运动和呼吸练习，然后和父母聊聊你的感受，并想想你认为这件事在你的情绪量表中处于几级。

侦探工作

　　当我还是个孩子的时候，我喜欢看书。那时我发现了一套名为《哈迪男孩》的侦探系列小说，讲述了两个兄弟的故事，他们是侦探，总爱解开一些未解之谜。我大概读了五十多本这个系列的书，梦想着有一天自己也会像他们一样成为一名侦探。现如今，我觉得自己在某些方面也确实成为一名侦探。在工作中，我帮助男孩和他们的家人找到线索，帮助他们发现并解开谜团。只是这样的侦探和我七岁时想象的不太一样。

　　使用情绪量表需要做一些侦探工作。我们需要一些线索和巧妙的思考才能弄清楚五级事件和七级事件之间的区别。你必须足够坚强和聪明才能做到这一点。

　　准确地定义自我感受也需要一些侦探工作。大约在九岁或十岁左右，男孩开始将所有主要情绪转化为愤怒。你知道这意味着什么吗？

　　这意味着愤怒出现在顶点，但总是有一些东西隐藏在下面。愤怒是最常爆发出来的，但总是有另一种情绪在暗中涌动。在做了一些运动和呼吸练习之后，我们就可以进行思考和交谈了。当我们的上层大脑准备就绪，就可以好好做一番侦探工作了。

想一想绿巨人和他的另一个自我，班纳博士。绿巨人像下层大脑，而班纳博士是上层大脑。绿巨人不会成为一个伟大的侦探，但班纳博士肯定会。

我们需要通过侦探工作来找出愤怒背后的原因。例如，我最近和一个刚上一年级的男孩聊天。他的老师要求每个学生制作一张海报，并在海报上放上五张照片。每张照片都必须告诉班上的新同学一些关于自己的信息。男孩和妈妈浏览了二十多张照片，这些照片上有他们的家人、他的狗、生日派对、足球队、祖父母、最喜欢的度假胜地、迪士尼之旅、新买的自行车和他的童子军队伍等。不要说选出五张照片了，就是只选十张对他来说都很难。男孩和妈妈讨论了所有的选项，但他却发现越来越难做出决定。

男孩的妈妈注意到，当她给出建议时，他开始大喊大叫，于是妈妈鼓励他去家里的"平静的角落"，即情绪堡垒中休息一下，跳一跳迷你蹦床，挤几个压力球。他通常喜欢同时做这两件事。但男孩却说他不需要去，并继续不停地看照片。这位智慧的妈妈意识到，他此刻已经有点失去理智了，上层大脑处于离线状态，班纳博士离开了他的身体，绿巨人出现了。

当妈妈注意到男孩下巴紧绷，拳头紧攥时，便再次要求他去情绪堡垒。在那一刻，他用拳头猛击桌子，喊道："我没有生气！"

就在这时，他的爸爸走进了房间，听到他在喊叫。爸爸告诉他，狗在大声吠叫，聪明的猫头鹰已经飞走了。于是爸爸邀请男孩和他一起去了情绪堡垒，男孩同意了。他们在那里跳蹦床，大声喊叫，男孩甚至哭了起来。接着他们做了一些呼吸练习。这时候，男孩流着泪告诉了父母自己的真实想法，他刚才其实是担心去学校分享这些照片和故事时，同学会取笑他。

这就是一个很好的侦探工作案例。男孩最终能够理解愤怒背后的情绪其实是担忧。生活中大多数的情况也确实如此。当绿巨人出现时，他却无法独自解决这个问题。

我们需要上层大脑来做侦探工作。我们需要通过侦探工作来找出愤怒背后的原因。

男孩需要情绪堡垒来处理较大的情绪问题。他需要经过运动和呼吸才能过渡到思考和交谈阶段。首先需要把情绪问题处理好，这样才能把整件事讲清楚。

如果这个男孩没有听从父母的鼓励，他应该会陷入愤怒之中。如果他从未去过情绪堡垒，那他极有可能很难完成老师布置的这项任务。

睡眠技巧

25 20 15 10 5 0

　　说到担忧，很多孩子夜里都会感到担心和害怕。可能对你来说，关闭思绪然后睡上香甜的一觉是件难事。但睡眠的技巧说白了，其实就是让大脑"工作"起来！要想让身心都安定下来，也是需要付出努力的。每当忧虑、恐惧或焦虑交织在一起时，我们的大脑就会左思右想，辗转难眠。焦虑存在于过去和未来。我们会担心当下已经发生的事情（可能还会再次发生），以及将来可能发生的事情。此时，睡眠的问题就落到了现在。如果你发现焦虑或恐惧总在入睡时出现，这里有一些有用的技巧，可以让入睡过程变得更轻松、更成功。

　　渐进式肌肉放松（PMR）是我一直教给男孩的方法。你可以和爸爸或妈妈一起做这件事，轮流让身体各部分做紧张和放松练习。可以从头部开始，自上而下。首先收紧额头，然后放松额头。接着紧闭眼睛，再放松眼睛。慢慢轮到鼻子、嘴巴、脖子、肩膀、胸部、腹部、臀部、大腿、膝盖、小腿和脚。完成一轮放松后，你可以自下而上，从脚部开始再次练习，然后回到头部。记得在收紧身体部位之后，给自己充足的时间放松和呼吸。

感恩是第二种行之有效的将大脑清零的方法。想想今天发生的让自己心怀感激的五件事。可能是早餐吃了华夫饼，骑了自行车，和家人玩了棋盘游戏，在学校认识了新朋友，或者在课间踢了足球。请你想想一天中经历的所有的人和事，看看当你的思绪远离焦虑、走向感恩时，能列出一个多长的清单。

数字游戏是另一种很好的方法，它可以让你远离烦恼，让大脑干些有效率的活儿。选择一个数字作为起点，我们假设是 25，然后每隔五个数进行倒数。如果你的数学水平还不错，可以选择一个更大的数字作为起点，或者一个更难的数字间隔去倒数。例如，你可以从 100 开始，然后每次减 7 进行倒数。你还可以选定某个数字向前数，只要你喜欢。

彩色游戏法在白天或者在黑暗中进行都可以。你需要挑选一种颜色，并想出房间里任何一件有这种颜色的东西。如果你足够了解自己的房间，可以在黑暗中做这件事，在看不见物体的情况下说出它的名称来。

5-4-3-2-1 感官法需要使用五种感官：听觉、味觉、嗅觉、触觉和视觉。你可以按你喜欢的顺序进行。比如，首先列出五个能用耳朵听到的东西，然后列出四个能用嘴巴品尝到的东西，三个能闻到味道的东西，两个能摸到的东西，以及一个能看到的东西。

三扇门法需要你去思考三个最喜欢的地方。也许是祖父母的房子、最喜欢的度假胜地，或者迪士尼乐园。想象一下，在你的脑海中，走过这些最喜欢的地方的大门。尝试去描述你所看到的物体、闻到的气味、听到的声音，以及任何其他的感觉。也许你可以在那儿品尝到最爱的美食，触摸到脑海中的美景，比如海滩上的沙子或温暖的海水。在脑海中到这三个地方漫步，走过一扇扇门，让你的感官有足够的时间去记忆。

> 我们需要练习才能熟练掌握这些睡眠技巧。

想要掌握上面这几种方法需要练习。你可以一开始和父母一起做，最后尝试自己做。如果你哪天不在家，比如去野外露营或去朋友家过夜时感到难以入睡，都可以让这些方法为你所用。但有一点，你需要像练习拼写单词、学习你热爱的运动或骑自行车一样去实践这些方法才行。我知道当焦虑感重新出现时，你会很容易放弃，但只要坚持练习，我们总会真正掌握正确使用它们的办法。这个过程需要耐心，多花点儿时间。当然，你同样可以在白天使用这些技巧。下次你去医生办公室体检前或去牙科诊所洗牙时如果感到紧张，可以试试数字游戏法、彩色游戏法或 5-4-3-2-1 感官法。

诗文
与语录

　　你可能也积累过一些自己喜欢的诗文或词句，可以把那些话写在下面的空白处，用来提醒和调节自己（我将在下一节中解释"调节"的更多含义）。有时我们的大脑会陷入某件事情中无法自拔，也许是某件让你感到担心或沮丧的事。而记住一段诗句并对自己大声说出来，是一种很好的能打断那些被"卡"在心里的想法的方式，并由此将诗句中的真谛隐藏在你的心中。

　　我们同样可以用电影中最喜欢的语录或台词来做这件事。我认识一个男孩，当他感到压力很大时，会用《海底总动员》中的一句台词对自己说，"继续向前游吧。"另一个男孩在做作业对自己感到失望时会告诉自己"没有人是完美的，这就是铅笔有橡皮的原因"。

整合与调节

我想教你两个正式的词汇，也是很重要的两个词——整合与调节。整合是将不同的东西结合在一起，它包括了思维和感觉。整合指的是我们的上层大脑和下层大脑协同工作。想要获得更多整合效果的好办法之一是不仅自己能够掌握手掌模型怎么使用，同时教会父母把手部动作当作视觉提醒来帮助自己。

调节的含义是管理我们的情绪，是我们要做的最重要的工作之一。调节让我们成为情绪的主人而不是情绪的奴隶。学会了调节，我们每天才不至于变得像绿巨人那样。

整合和调节让我们具备了使用蜘蛛侠意识的能力。这些技能帮助我们完成重要的侦探工作，找出愤怒背后的原因。

整合和调节帮助我们成为世界上自己更想成为的人。我们可以更英勇，给身边的人带来更少的伤害，也能变得更加强大和聪明。

帮助
与希望

　　当我们学会整合与调节时，我们不仅能够帮助自己，也可以帮助他人。也正是因为这样，超人、蜘蛛侠和蝙蝠侠才能够注意到身边的人需要帮助。当我们处于一个稳定的上下层大脑有机融合且情绪调节到良好的状态时，我们就可以用另一种角度看待我们的朋友和家人。

　　前几天我在机场遇到了航班延误，我的脖子和肩膀不由得开始感到紧张。

此时一名男子开始对登机员大喊大叫，但我们都知道，登机员是完全无法控制飞机是否能够准时起飞的。显然这个人情绪已经失控，他的下层大脑一直在操控着他说话。他用拳头猛敲柜台，大叫起来。

当我注意到身体发出的信号和症状时，决定在机场对身体做一些调节。第一，我从航站楼的这头走到那头。第二，我找到了一个安静的地方，做了一些伸展运动。第三，我决定做几个作战式呼吸。第四，我走到机场的礼品店买了一瓶冷水。当我们不舒服的时候，喝点水总是个好主意，对吧？

接下来，通过观察苹果手表上显示的心率变化，我发现我的心率减慢了。然后我脖子和肩膀上的紧张感开始消失。航班依旧延误，但我的大脑和身体却更加平静了。

同时，我开始注意到身边需要帮助的人。有一位年纪大的老人焦急地想知道飞机延误后的到达时间，以便通知在目的地那头等待的家人。我在手机上帮这位老人查询了航班最新的飞行规划，然后帮他给家人打了电话。

我还发现旁边有一个小男孩变得焦躁不安。于是我陪着他一起玩了个游戏，帮他转移注意力。对我们的大脑来说，在漫长的等待之余，能暂时去思考些其他的事情是件好事。

我注意到还有位乘客带着一只服务犬，这只狗看起来很口渴。我把还没喝完的水瓶递给了这位乘客，让他把水倒在了狗的碗里。

在学会使用本书提到的技能之前，我对周围的这些需求是视而不见的。如果我们无法整合与调节自身的情感和需要，自然就看不到周围人的需求。所以当我们真正去学习做这项重要的工作时，才会给生活中的人们提供更多的帮助和支持。

我们可以帮助自己的父母、兄弟姐妹、朋友、队友、老师和同学。当我们的眼睛能够看到周围人的需求时，我们才能变得更加有爱心、忠诚、仁慈并富有同情心。当我们把自己的大脑和身体安顿妥当时，才能去做正确的事情，这正是整合与调节相互作用的成果。

这个世界需要更多正直、可靠且富有同理心的人。锻炼自己身体里重要的情绪肌肉能让我们变得更加强大和聪明。这个世界需要更多坚强、聪明的男孩，他们公正行事，富有爱心，谦逊地向阳而行。感谢你花时间阅读这本练习册，学习如何让自己的情绪变得更加强大并充满智慧，从而推己及人，为我们所爱的世界贡献更多积极的力量。

WHAT ARE YOUR FEELINGS?
TOOLS YOUR SON CAN BUILD ON FOR LIFE

定价: 69.80元
(含练习册)

TOOLS YOUR SON CAN BUILD ON FOR LIFE

WHAT ARE YOUR FEELINGS?

上架指导 家庭生活/亲子教育
ISBN 978-7-111-74976-9

9 787111 749769 >

定价：69.80元
（含练习册）